国家出版基金项目
NATIONAL PUBLICATION FOUNDATION

记住乡愁

——留给孩子们的中国民俗文化

刘魁立◎主编

第九辑 传统雅集辑

酒味

张 玮◎编著

本辑主编 李春园

北
黑龙江少年儿童出版社

U0350804

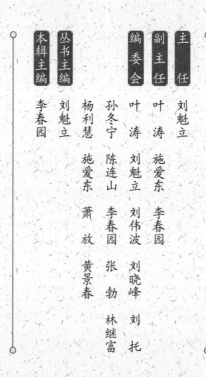

序

  亲爱的小读者们，身为中国人，你们了解中华民族的民俗文化吗？如果有所了解的话，你们又了解多少呢？

  或许，你们认为熟知那些过去的事情是大人们的事，我们小孩儿不容易弄懂，也没必要弄懂那些事情。

  其实，传统民俗文化的内涵极为丰富，它既不神秘也不深奥，与每个人的关系十分密切，它随时随地围绕在我们身边，贯穿于整个人生的每一天。

  中华民族有很多传统节日，每逢节日都有一些传统民俗文化活动，比如端午节吃粽子，听大人们讲屈原为国为民愤投汨罗江的故事；八月中秋望着圆圆的明月，遐想嫦娥奔月、吴刚伐桂的传说，等等。

  我国是一个统一的多民族国家，有 56 个民族，每个民族都有丰富多彩的文化和风俗习惯，这些不同民族的民俗文化共同构筑了中国民俗文化。或许你们听说过藏族长篇史诗《格萨尔王传》

中格萨尔王的英雄气概、蒙古族智慧的化身——巴拉根仓的机智与诙谐、维吾尔族世界闻名的智者——阿凡提的睿智与幽默、壮族歌仙刘三姐的聪慧机敏与歌如泉涌……如果这些你们都有所了解，那就说明你们已经走进了中华民族传统民俗文化的王国。

你们也许看过京剧、木偶戏、皮影戏，看过踩高跷、耍龙灯，欣赏过威风锣鼓，这些都是我们中华民族为世界贡献的艺术珍品。你们或许也欣赏过中国古琴演奏，那是中华文化中的瑰宝。1977年9月5日美国发射的"旅行者1号"探测器上所载的向外太空传达人类声音的金光盘上面，就录制了我国古琴大师管平湖演奏的中国古琴名曲——《流水》。

北京天安门东西两侧设有太庙和社稷坛，那是旧时皇帝举行仪式祭祀祖先和祭祀谷神及土地的地方。另外，在北京城的南北东西四个方位建有天坛、地坛、日坛和月坛，这些地方曾经是皇帝率领百官祭拜天、地、日、月的神圣场所。这些仪式活动说明，我们中国人自古就认为自己是自然的组成部分，因而崇信自然、融入自然，与自然和谐相处。

如今民间仍保存的奉祀关公和妈祖的习俗，则体现了中国人崇尚仁义礼智信、进行自我道德教育的意愿，表达了祈望平安顺达和扶危救困的诉求。

小读者们，你们养过蚕宝宝吗？原产于中国的蚕，真称得上伟大的小生物。蚕宝宝的一生从芝麻粒儿大小的蚕卵算起，中间经历蚁蚕、蚕宝宝、结茧吐丝等过程，到破茧成蛾结束，总共四十余天，却能为我们贡献约一千米长的蚕丝。我国历史悠久的养蚕、丝绸织绣技术自西汉"丝绸之路"诞生那天起就成为东方文明的传播者和象征，为促进人类文明的发展做出了不可磨灭的贡献！

小读者们，你们到过烧造瓷器的窑口，见过工匠师傅们拉坯、上釉、烧窑吗？中国是瓷器的故乡，我们的陶瓷技艺同样为人类文明的发展做出了巨大贡献！中国的英文国名"China"，就是由英文"china"（瓷器）一词转义而来的。

中国的历法、二十四节气、珠算、中医知识体系，都是中华民族传统文化宝库中的珍品。

让我们深感骄傲的中国传统民俗文化博大精深、丰富多彩，课本中的内容是难以囊括的。每向这个领域多迈进一步，你们对历史的认知、对人生的感悟、对生活的热爱与奋斗就会更进一分。

作为中国人，无论你身在何处，那与生俱来的充满民族文化DNA的血液将伴随你的一生，乡音难改，乡情难忘，乡愁恒久。这是你的根，这是你的魂，这种民族文化的传统体现在你身上，是你身份的标识，也是我们作为中国人彼此认同的依据，它作为一种凝聚的力量，把我们整个中华民族大家庭紧紧地联系在一起。

《记住乡愁——留给孩子们的中国民俗文化》丛书，为小读者们全面介绍了传统民俗文化的丰富内容：包括民间史诗传说故事、传统民间节日、民间信仰、礼仪习俗、民间游戏、中国古代建筑技艺、民间手工艺……

各辑的主编、各册的作者，都是相关领域的专家。他们以适合儿童的文笔，选配大量图片，简约精当地介绍每一个专题，希望小读者们读来兴趣盎然、收获颇丰。

在你们阅读的过程中，也许你们的长辈会向你们说起他们曾经的往事，讲讲他们的"乡愁"。那时，你们也许会觉得生活充满了意趣。希望这套丛书能使你们更加珍爱中国的传统民俗文化，让你们为生为中国人而自豪，长大后为中华民族的伟大复兴做出自己的贡献！

亲爱的小读者们，祝你们健康快乐！

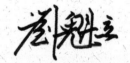

二〇一七年十二月

目 录

酒的起源

| 酒的起源 |

在我们小的时候常常对自己乃至身边的一切事物，都有过这样那样的疑问：自己是怎么来的？世界上第一个人是怎么来的？世界上第一块石头、第一个罐子、第一个果实、第一桶饮料等等，它们都是怎么来的？我们今天要问的是，酒是怎么来的？

或许有一堆果子，很巧合地聚集在一个石臼里，经过长时间的腐烂发酵，正好碰上当时那个环境中的微生物群，共同发生作用，便产生了浓郁的香味，有个人正好品尝一下，味道还不错啊！

| 酿酒图 |

3

或许有一堆吃不完的粮食，因为那时没有像现在这么完善的仓储条件，在露天的堆放中，自然而然便成为一种香气浓郁的饮料，又被一个偶然路过的人发现。

问题在于，这个善于发现物质变化、能够闻香识得美饮的人，他再经过一系列的思考和实践，或许他便成为了发现酒或者说酿酒的始祖。

在我国众多的古籍和考古发现中，对于酒的起源，传统的说法主要有三种：仪狄造酒、杜康造酒和猿猴造酒。晋代文人江统写的《酒法》一书中说："酒之所兴，肇自上皇；或云仪狄，一曰杜康。有饭不尽，委之空桑，积郁成味，久蓄气芳，本出于此，不由奇方。"

仪狄造酒

据《世本》一书记载："仪狄始作酒醪，变五味；少康作秫酒"，认为仪狄是最早开始制作酒的人。那么，仪狄又是哪个时期、又是什么人呢？《战国策》的记载给出了明确的答案："昔者，帝女令仪狄作酒而美，进之禹，禹饮而甘之，遂疏仪绝旨酒。"这段话的大意是说，当时夏朝统治者禹的妻子，命令仪狄去酿造酒，结果禹饮用之后觉得味甘香醇，随后决定疏远仪狄，再不饮酒。从这段文字的叙述可以推测，夏朝的时候，酒已经有了一定的发展。有人推测仪狄是负责禹伙食的大臣，也有人说仪狄是禹负责监制造酒的大臣，

仪狄的具体身份无法更加精确地判断，但是史书记载中最早的和做酒有关的人，无疑是仪狄。因此，人们至今将仪狄奉为"酒祖"。

相传仪狄在田间劳作，家人将饭送到田间，他把吃剩下的饭用田边桑树的叶子包起来，放在泉水边。几天后，发现溅过泉水的桑叶包里流出了充满香味的汁液，拿起一尝，绵香可口，非常甘美。此后他经过反复琢磨、实验，用泉水多次调制、品尝汁液，最后发明出酒。

还有一种说法是：

某日，仪狄到深山里打猎，希望得到山珍美味，为大禹做美味的佳肴，他意外地看到一只猴子在喝着什么，而且喝完之后，猴子好像心满意足地躺在地上。于是仪狄也去品尝，发现竟然是桃子发酵后的汁液，尝过之后，他感到浑身发热，整个人的筋骨都活络起来。

当时，大禹正在与共工作战，十分伤神，而且还生着病。仪狄赶紧将自己发现的汁液试着给大禹饮用，没想到，这香甜浓纯的无名液体，让大禹胃口大开，精神百倍，体力也逐渐恢复，大大增加了对抗敌人的胜算。得到大禹的肯定后，仪狄决心自己来研究制作这种可以提神的汁液，即第一次造酒。多次试验之后，仪狄最后制作出各种美味的酒，并渐渐地流传到各地。

杜康造酒

杜康的出名，与曹操不无关系。我们初中时都学过曹操的乐府诗《短歌行》："慨当以慷，忧思难忘；何以解忧，唯有杜康。"尤其《短歌行》又是语文必背科目，名人的加注，与教科书的权威，双管齐下，杜康想不扬名天下都难。

杜康在历史上确有其人，《说文解字》"帚"条中说："古者少康初作箕帚、秫酒。少康，杜康也。"明确提到杜康就是"秫酒"的初作者。因为秫就是高粱的统称，人们据此推测杜康是用高粱酿酒的创始人。可能是因为杜康的手艺高超，也可能高粱酒的味道不同一般，杜康酿出的酒，味道极好，后人奉他为"酒圣"。

相传，杜康是黄帝手下的一位大臣，他的工作是管理生产和保存粮食。因为连年丰收，粮食越来越多，缺少仓库和科学的储藏方式，时间一长，大量的粮食堆放在仓库里，全都因潮湿而发霉坏掉了。黄帝知道这件事后大怒，遂将杜康降职，令他专职负责粮食保管，如有霉坏重罚。杜康一向是个很负责任的人，从一个负责粮食生产的大臣，降为仓库保管员，心中非常难过。他暗下决心，一定要做好粮食保管这件事。

偶然地，杜康在森林里发现一片很开阔的地方，周围有几棵枯死的大树。杜康灵机一动，决定把粮食装进树洞里保存。他把森林里枯死的大树，都进行了掏空处理，然后把粮食装进树洞里面。

谁知两年后，经过风吹日晒雨淋，装在树洞里的粮食，慢慢发酵了。有一天，杜康上山巡视粮食情况时，发现一棵树洞周围躺着几只山羊、野猪和兔子。走近一看，它们似乎是睡着了。正当杜康纳闷不解的时候，一只野猪首先醒了过来，见有人，迅速逃走。紧接着，

| 醉仙图轴 |

其他动物也一一醒来逃走。等他要下山的时候，又发现两只山羊在一个装有粮食的树洞前用舌头舔着什么。杜康忙躲到大树后观察，发现两只山羊舔了一会儿，竟然摇晃起来，走不远就躺倒在地上。杜康飞快地把山羊捆起来，并详细查看山羊刚才舔过的地方。一看吓了一跳！原来装粮食的树洞，已经裂开了缝，不断有水从里向外渗出。那些动物们正是舔了这些水才睡着的。杜康用鼻子闻，觉得这些汁液特别清香，自己也不由自主尝了一口，越尝越觉醇美，忍不住喝了几口。随即便天旋地转，倒在了地上，沉沉睡去。

醒来后，杜康盛了半罐这样的水，连同他的

见闻向黄帝汇报。黄帝仔细品尝后，与大臣们共议此事，大家一致认为这是粮食中的一种元气。于是黄帝命杜康继续观察和研究，并命仓颉为其命名，仓颉随口道："此水味香而醇，饮而得神。"便造了一个"酒"字。

猿猴造酒

猿猴以采集的野果为主要食物来源，由于果实在自然界中有严格的季节性，因此猿猴常常要储存一些果实。在洪荒时代，随着生活经验的不断积累，古猿将一时吃不完的果实藏于洞穴、石洼之中。久而久之，它们发现，果实腐烂了，生成的液体散发出一种香甜的味道。原来是它们堆放在石洼中的果实，受到自然界中酵母菌的作用而发酵——在腐烂的过程中形成一种后来被我们称之为"酒"的液体。

关于猿猴造酒的传说，在我国许多典籍中都有记载。有说：黄山多猿猴，春夏采花果于石洼中，酝酿成酒，香气溢发，闻数百步。也有说：琼州多猿……尝于石岩深处得猿酒，盖猿酒以稻米与百花所造，一石穴辄有五六升许，味最辣，然极难得……

猿猴不仅会造酒，还嗜酒，因此也成为它们致命的弱点，成为人们捕捉它们的诱饵。唐朝李肇所写的《国史补》中，对于人类如何捕捉猩猩，有一段极其精彩的记载：猩猩者好酒与屐，人

| 猿猴造酒 |

有取之者，置二物以诱之。猩猩始见，必大骂曰："诱我也！"乃绝走远去，久而复来，稍稍相劝，俄顷俱醉，其足皆绊于屐，因遂获之。

这个过程极其生动：人们在猩猩出没的地方，摆上几缸香味浓郁的美酒和屐。它们闻到香味，走到跟前，先是犹豫踌躇，嘴里嘟嚷着骂道："诱惑我们？！"随即断然远走，最终仍是无法抗拒酒香，几个同伴商量

加怂恿，指头上先蘸一点，吮尝，这个香啊！四下里再一看，并没人啊，果真天赐佳酿！终于经受不住眼前美酒的诱惑，开怀畅饮，直到酩酊大醉，被展绊倒，乖乖被人捉住。

酒到底是谁最先酿造的？主流的说法有以上三种，但也有人认为，酒是人类共同发现的一种自然产物。

对于这些说法不一的观点，宋代《酒谱》曾提出过质疑，认为"皆不足以考据，而多其赘说也"。不管造酒者何人，都是我国古人智慧与经验的成果，灿烂的中国文化少不了酒这杯佐饮，且让我们打开历史的酒缸，品一品这陈放几千年的酒文化吧。

酒礼与酒德

| 酒礼与酒德 |

礼，在古代，指礼教，特指统治阶级制定的系统严密的礼法条规和社会规范，包括政治和法律制度，用来约束人们的思想和行为。

| 酒礼 |

孔子曰："郁郁乎文哉，吾从周"。周朝是我国礼教比较完善的一个历史时期。周公旦制定的礼乐文化，奠定了中原文明的基石。酒，在诞生之初，被大量用于一国祭祀当中，自然成为一国之礼重要的部分。

因为有了夏桀和商纣王因酒亡国的案例，周公旦在制定酒礼的时候非常谨慎。酒这种特殊的饮料，饮后既能给人以精气神，激发人的创作思维和灵感，带给人舒适的身心享受，也能使人酒后乱性，导致祸乱。因此，周公旦治礼之初，首先就颁发了一道《酒诰》，这是我国历史上最早的一次官方禁酒，也是最早的一部与酒相关的正式历史文献。其中所体现的酒礼和酒德，构成了我国传统酒文化中最重要的两个部分。

古人喝酒的礼仪

酒礼，是指人们共同遵守的饮酒准则、规范、礼节和秩序。

西周时的酒礼非常严格和具体，对参与饮酒人的长幼尊卑、坐的位置、酒器、敬酒的方式等等，都有详尽的规定。最为讲究的是对时、序、数、令等的规定。时，指要严格掌握饮酒的时节，只有天子、诸侯加冕、婚丧、祭祀或其他喜庆大典时才可以饮酒；序，指必须严格遵守等级次序来饮酒，按天、地、鬼（祖）、神、长、幼、尊、卑的次序来饮酒；数，即严格控制饮酒的数量，每饮不超过三爵；令，即必须服从酒官的指挥来饮酒。

正式饮酒时有四个步骤：拜、祭、啐、卒爵。首先，饮者要先作拜的动作，以示敬意；然后，"未饮先

| 宴乐图 |

醑酒"，把酒倒出一点儿在地上，祭谢大地生养之德，在祭神、祀祖、祭山川江河时，必须仪态恭肃、手擎酒杯、默念祷词。先将杯中酒分倾三点，后将余酒洒一个半圆形，这样用酒在地上醑成一个"心"字，表示心献之礼；再次就是啐了，品尝酒味并加以赞扬，令主人高兴；最后的"卒爵"就是干杯，卒爵而饮，这是古老酒礼文明的体现。

古时敬酒，也有规定的礼节和次序，即避席、酬、酢、旅酬、行酒。避席是说，敬酒的人和被敬酒的人都要起立"避席"，互表尊重；酬是指主人向客人敬酒；酢指客人回敬主人；旅酬是说在祭礼完毕后，众亲宾一起宴饮，相互敬酒；行酒则是依次向人敬酒，普通敬酒以三杯为度。

此外，端杯敬酒，讲究"先干为敬"，受敬者也要以同样的方式回报，否则就要罚酒。这一习俗由来已久，早在东汉，王符的《潜夫论》就记载了"引满传空"六礼，就是指要把杯中酒喝干，并亮底给同座检查。明代冯时化的《酒史》中也有"杯中余沥，有一滴，则罚一杯"。不过如果实在酒量不济，要婉言声明，并稍饮表示敬意。

尊贤敬老的乡饮酒礼

酒礼的内容包括冠、婚、丧、祭、乡饮酒、相见六礼。自周迄明，损益代殊，而其礼不废。《礼记·王制》中详细记载了六礼的内容。冠礼是古代男性的成年礼。婚礼、丧礼、祭礼分别指结婚、丧葬和祭祀活动所遵循的礼仪。相见礼则是等级社会的产物，指古时公侯相见或是拜别时的礼节。这里重点介绍一下乡饮酒礼。

什么是乡饮酒礼呢？《礼记·射义》中说："乡饮酒礼者，所以明长幼之序也。"顾名思义，就是乡人饮宴的礼仪。

乡饮酒礼的习俗缘于古代诸侯选拔推荐人才的仪式。古代的诸侯选拔人才，

| 乡饮酒礼 |

是从乡学来选拔。具体流程是：乡学三年毕业时，由乡大夫和乡先生从毕业生中选拔五位优秀人才，最优秀者作为"宾"，其次者作为"介"，又次者三人作为"众宾"，由乡大夫做东，请他们共饮，再推荐给诸侯。如果该地区的乡学连年招生，则每年都有毕业生，每年都要举行乡饮酒礼。这一类型的乡饮酒礼，过程极其复杂，其主要功能在于为国家发现贤能、选拔人才，体现了我国古代对于人才的重视和"克己复礼为仁"的儒家思想。

还有一类型的乡饮酒礼是指乡间百姓饮酒聚会的礼仪，其意义在于尊贤养老，使一乡之人在宴饮欢聚的同时受到教化。与上述举荐人才不同的是，这类乡饮酒礼

中的宾、介、众宾分别由年长者担任，以年龄来排序。《乡饮酒义》中记载："乡饮酒之礼，六十者坐，五十者立侍，以听政役，所以明尊长也；六十者三豆，七十者四豆，八十者五豆，九十者六豆，所以明养老也。民知尊长养老，而后乃能入孝弟。民入孝弟，出尊长养老，而后成教，成教而后国可安也。君子之所谓孝者，非家至而日见之也；合诸乡射，教之乡饮酒之礼，而孝弟之行立矣。"

这段话反映了古代乡饮酒礼的核心思想，应了中国的一句老话"在朝序爵，在乡序齿"，在朝廷中以爵位大小排坐论次，在乡间则是以年龄大小排序，不逾矩。乡饮礼是一种儒家尊贤养老的教化之道，是在乡饮聚会的欢乐实践中完成的一种酒礼，它的珍贵在于，通过民间聚会礼仪，完整地教给所有参与民众什么是尊贤，什么是养老，让人们明白长幼有序，成就孝悌、尊贤、敬老养老的社会风尚，达到政治教化的目的。可见古人的智慧与德行，足令今天的我们效仿和学习。

乡饮酒礼的过程十分复杂，礼节规范很严格，主要有迎宾、进门、乐宾、旅酬等环节。整个过程都体现了彬彬有礼、尊卑有别、长幼有序的礼仪规范。

迎宾是指，宴会的主人在举行乡饮礼当天，亲自去宾和介的家中去迎接二位贤能或是长者，其他众宾则自己跟随宾来到聚会场所。到达后，主人向宾、介二位行拜礼，对其他人则拱手致意。

主人和宾进门之后，每逢拐弯处都要作揖，作揖三次后分别到了各自的台阶前，再作揖三次以示谦让，方才上堂进行别的礼节。在这个环节中，主人与介和众宾的礼节依次省略，以示对最优秀人才和最长者的看重，体现宾、介、众宾在礼遇上的差别。

乐宾的环节也体现了古人的礼乐文化，堂上的乐工用瑟来伴奏，三首歌毕，主人向他们敬酒。接着，堂下的乐工吹奏三首后，主人也向他们献酒。再接着，堂上、堂下的乐工轮流各演奏三首。最后，堂上、堂下合奏三首诗歌。演奏结束，全场气氛达到高潮。这时还会有监酒官说明饮酒规则，以防止有人最后失态。

旅酬即是真正开始饮酒之时。首先是宾来酬主人，然后主人酬介，介酬众宾，众宾按年龄大小酬其他人，在场的人员，都能惠及。

古代的酒礼虽然过程繁琐，有时也掺杂一些官方推行的政治教化的内容，但在尊老重贤的传统中国社会中有着深远的意义。从汉代开始就把乡饮酒礼当作一种重要制度传承下去。隋、唐在开科取士后举行酒礼，宋代在贡士之日举行酒礼，民间一般在春秋社祭时举行此礼。

酒德——饮酒孔嘉，维其令仪

伴随酒礼的产生，酒德

成为一个重要的饮酒礼仪附属。如果说酒礼表示人们饮酒的外在形式，酒德则是人们内在修养于饮酒活动中的重要表现。《诗经》中说："饮酒孔嘉，维其令仪。"意思是说，饮酒是件美好的事情，但一定要保持好的形象。《诗经》中还有一句话，进一步解释了酒德的重要性："人之齐圣，饮酒温克。彼昏不知，壹醉日富。"不同的人饮酒，有不同的表现。聪明的人，饮到微醺舒畅之时，便刚刚好地克制停饮。糊涂愚蠢的人，越醉越喝，举止失当，乱了理法。

儒家文化讲究的就是守礼与克制。早在西周时期，周公总结出商朝败于酗酒，提出了限制饮酒的主张。春秋时期，孔子对饮酒提出了鲜明的见解："饮酒以不醉为度"，"唯酒无量，不及乱"。他认为各人酒量不相同，以饮酒后神志清晰、形体稳健、气血安宁、皆如其常为限度。

我国周朝时，为了强化酒德，统治者设立酒正一职，来管理王公大臣们的饮酒。专门设置"萍氏"、"司虣（bào）"的官职，督察乡民们饮酒须有节制。此外，古人还反对在夜间饮酒。周朝颁布的《酒诰》中，提出

| 诗仙醉酒图 |

了"饮唯祀""无彝酒""执群饮""禁沉湎"四条法则，成为人们评判酒德精神的标准。"饮唯祀"规定只有在祭祀时才能饮酒。"无彝酒"是说不要经常饮酒，只在生病时才饮少量酒。"执群饮"禁止民众聚众饮酒。"禁沉湎"规定人们不要过度饮酒。

"酒以成礼"这句话最早出现在《左传》中。原文是："酒以成礼，不继以淫，义也；以君成礼，弗纳于淫，仁也。"说的是齐桓公与田敬仲完喝酒的故事。话说那一天，田敬仲完请齐桓公到他家喝酒，喝到兴起时，天黑了下来，齐桓公意犹未尽，命田敬仲完点火把照明，继续喝酒。没想到田敬仲完却断然拒绝，说了上述一段话。意思是请人饮酒，表达了敬意，完成了礼仪，就该结束，不要过度放纵，违反酒礼，才是仁义之举。君王与民众一样，应时刻提醒自己，饮酒有度有德。

酒本来是一种让宴会提升气氛的饮品，亲朋好友欢聚一堂，如果没有酒，总是少了些什么。特别是中国人喜欢热闹，"无酒不成席"。周朝严格的酒礼规范，多少也有些"因噎废食"的思维，因而孔圣人认为，对酒这个事物，应该一分为二来看，儒家的"酒禁"和"酒政"观念，终究讲求一个"克"字，是让人们有克制、有节制地饮酒，而绝非完全断了酿酒产业和饮酒生活方式。酒，虽然能够"起造吉凶"，但罪责不在酒，而在人。

《晏子讽喻》就是一个

非常好的、具有教化意义的、关于古人之酒礼酒德案例。

话说很久很久以前，齐景公设宴招待群臣。喝到酣畅时，景公说："难得诸位大夫今日如此高兴，大家不用拘礼，随意一些吧。"晏子当即站起来肃然道："君主言过了！群臣虽然很想与君主不拘于礼节，但力大者足以胜过长辈，勇猛者足以杀死君主，是礼让他们不这么做的啊！君主您要是去掉礼，不就和禽兽一样了吗？若是群臣以武力为统治，以强侵弱，那不每天都在改换首领，君主还怎么立身呢？人与禽兽的差别，就在于人是知礼有礼的呀。《诗经》里不是说：'人而无礼，胡不遄（chuán）死？'怎么可以没有礼呢？"齐景公心

里很是不爽，懒得理他，自顾自喝起酒来。晏子知道自己扫了君主的兴，也不急不怕，想了个以其人之道还治其人之身的高招。等到过了一会儿，齐景公要出去时，晏子也不按照礼节站起来相送。齐景公回来时，晏子还是不站起来以礼相迎。更在敬齐景公酒的时候，无视礼节，自行先饮。景公勃然怒道："先生你不是口口声声讲究礼节吗？刚才我出去进来，你也并没有按君臣之礼相迎送，敬酒时，你又径自先饮。难道这就是你要讲的礼节吗？"晏子不慌不忙离开酒桌，跪下叩头说："为臣不敢。臣只是想让您体验一下没有礼节的滋味——如果大家都不遵守礼节，结果就是这个样子啊。"齐景公

| 清朝赐宴礼乐图 |

恍然大悟："果真是寡人错了！先生请入座，寡人听从您的劝告。"君臣共饮三杯之后，就结束了酒宴。从此以后，齐景公整治法度修明礼制以治理国家，百姓也能够按照社会规范去遵守。

民间酒俗

| 民间酒俗 |

我国古代社会是一个充满礼教和仪式感的社会。除了祭神、祭祖等隆重的国家祭祀，举凡行军打仗、出行坐卧、迎宾送客、婚丧嫁娶等都有相应的礼仪。古语道："凡治人之道，莫急于礼；礼有五经，莫重于祭。"古人非常尊重生命，出生要吃生日酒，抓周酒，男子成人举行冠礼，女子成年举行笄礼，都是很隆重的人生仪式。古代饮食和礼仪的关系十分密切。酒，更是被视为上天赋予我们的佳酿，频频出现在各种祭祀、节日和人生礼仪的场合之中。

我们知道，古代"礼"的作用在于让人们通过一些相应的仪式活动，了解并贯彻相应的法度和规范。"万物本乎天，人本乎祖"。祭祀、节日和人生礼仪，反映了中国人对自然和人生本源的基本认识，在一定程度上可以培养人对自然的感恩之心、对长辈的爱敬之心、对家庭的责任之心。

无酒不成席，无酒不成礼。几乎所有的节日和人生仪式中，酒都是重要的"道具"，将节日和仪礼推向高潮。本书仅选一些比较特殊的饮酒节日和礼仪，来了解酒在我们生活中不可忽视的地位。

春节要饮屠苏酒

北宋诗人王安石《元日》诗：爆竹声中一岁除，春风送暖入屠苏。千门万户曈曈日，总把新桃换旧符。

这首诗写的就是唐宋时期除岁迎新的景况。在古代，人们称正月初一这一天为岁首、正旦、元日、元旦等，民国成立以后将阳历新年称为元旦，被剥夺"元旦"称号的正月初一则称为春节。

汉代中期以后，正月初一（那时称正月旦）也是皇家的重要庆祝日。这一日，朝廷要举行大规模的朝会，皇帝清早上朝，接受百官庆贺，同时百官也会得到新年宴饮的赐赠。到了魏晋南北朝，岁首朝贺仍是朝廷大典，民间拜贺也非常隆重。

人们认为正月初一是"三元之日"，即岁之元、时之元、月之元。这一日，人们鸡鸣而起，燃放爆竹，然后全家人穿戴整齐，拜贺尊长。

酒是新年仪式中的重要饮品，是降神的佳酿。祭神之后，朝野都要饮酒庆贺新年。新年的酒也称为春酒，《诗经》中曾有：十月获稻，为此春酒，以介眉寿。南朝诗人庾信有诗："正旦辟恶酒，新年长命杯。"新年的春酒，是辟邪祈福之酒。古代过年时饮用特制的药酒，用以保健辟邪，汉代称为椒柏酒，唐宋人称屠苏酒，即王安石诗中所表达的"在送暖的春风中，阖家欢饮着屠苏美酒"。

关于屠苏酒，还有一个传说。据说"屠苏"本是一个草庵的名称，古时有一个人住在屠苏庵中，每年除夕之夜，他会给邻里居民一包药，让人们将药放在水中浸泡，到过年的这一天，取水置于酒器中，合家欢饮，全家人一年都不会染上瘟疫，后人便将这酒称为屠苏酒。

古代过年饮酒，还有一个特别之处。六朝时有一个奇特的饮酒俗规，颠倒了从前从尊长开始的饮酒顺序，而是从年龄小者开始饮酒，因为"小者得岁，先酒贺之"，而老人失岁，所以不贺，最后饮酒。可见古人对生命的尊重和饮酒的重视。也试着推测一下，在长幼尊卑有别、礼教严格的古代，唯有正月初一这个日子，年龄小的人有了"先而为之"的机会，难怪一直以来孩子们过年都

欢天喜地的呢！

上巳节酒俗

上巳节是古代最重要最古老的节日之一，它出现于周朝，最早是农历三月上旬，后来固定在农历三月初三。由于寒食、上巳、清明三个节日相邻太近，后人就将它们并成一个节日，也就是我们现在的清明节。其实在古代上巳节这一天，人们都要到水边洗涤除垢，赏春游玩，临水宴宾。曲水流觞则是上巳节最典型的节日饮酒风俗，这其中还有一个好玩的故事呢。

南朝吴均的《续齐谐记》中记载了一件非常有趣的事，说的是晋武帝和他的两个大臣的一段谈话。

有一次，晋武帝问尚书

郎挚虞：三月初三的"曲水流觞"有什么含义？挚虞回答：据说汉章帝时有个叫徐肇的人，三月初生了三个女儿，却在三月初三这一天全死了，村人认为这事太过怪异，就相约到河畔盥洗，且把酒杯放入河中，任水载去，即为"曲水流觞"。武帝遂觉扫兴。

另一个叫束皙的尚书郎却另有一种说法，只见他接过话茬道："陛下，'羽觞随波流'，早在周公建成洛

|曲水流觞|

邑的时候，就曾让河水载着酒杯顺水漂流了。另外，秦昭王在三月上巳节这天，把酒杯放在河流拐道的地方，这时有个金人从河里出来捧一把水心剑说：'您一定能够统治西夏。'后来秦果真统一六国称霸诸侯，于是在金人出现的地方立为曲水流觞之地。后人一直沿用这一习俗，慢慢发展成为一种集会仪式。"

晋武帝听后，连声叫好，赏赐束皙五十金，却把挚虞贬为阳城县令。

且不论他们君臣是非对错，节日的吉祥和祈福含义却是人人盼而为之的。上巳节正值农历三月，春暖花开，草长莺飞，人们正好出来户外活动。

魏晋时期的上流社会非

常流行这种"曲水流觞"的游戏。文人墨客们，选择一曲径通幽的风雅场所，各自坐在九曲弯道边上，将酒杯放在上游，任其随波逐流，"一觞一咏"，酒杯停在谁的面前，谁便赋诗一首并饮之。在这个风雅游戏中，酒只是一种道具，那些"醉翁"之意，只在于诗，在于这雅集之中。"曲水流觞"之所以名声大噪，源于晋穆帝永和九年大书法家王羲之的兰亭集会。当年的三月初三，天朗气清，惠风和畅，王羲之与当朝名士四十一人于会稽山阴兰亭集会，在兰亭溪边，列坐其次，一觞一咏，畅叙幽情。会后将诗篇荟萃成《兰亭集》，由王羲之执笔，写下中国书法史上最负盛名的《兰亭集序》。

端午节的雄黄酒

先秦时期的古人认为阴阳二气的和谐是宇宙正常运行的基本保证。他们认为五月正值"阳气衰竭、阴气重生"之时，是有害于生命的"恶月"。故五月初五的端午节习俗主要集中在辟邪趋灾等方面。也因此端午节有了很多禁忌和饮食习俗。

端午节的酒也是辟瘟除灾的一大主角。这一天，常饮用菖蒲酒、雄黄酒、菖蒲雄黄酒等。《荆楚岁时记》中有："端午节以菖蒲一寸九节者泛酒，以辟瘟气。"意思是在端午节时，用石菖蒲的根来泡酒喝。这种菖蒲酒的药用价值，在唐代医圣孙思邈和明代李时珍的医书中均有记载。

| 《白蛇传》连环画 |

记住乡愁——留给孩子们的中国民俗文化

饮用雄黄酒的习俗，宋代以后比较常见。人们在端午节时，将雄黄泡在酒里饮用。还用雄黄酒喷洒以避蛇虫毒害，也将雄黄酒涂在婴儿的耳朵或鼻子上，避免被蛇虫毒害。

家喻户晓的传说《白蛇传》中，修炼成精的白蛇与凡间书生许仙相爱成婚，后来，法海大和尚授意许仙给白娘子喝了雄黄酒，逼得白娘子现出蛇形，差点吓死了许仙。可见雄黄酒的辟邪威力之巨大。

端午节饮用菖蒲雄黄酒的习俗一直沿袭到清代还有，但是在二十世纪后期，这些饮酒习俗逐渐消亡。

举国狂饮的宋朝中秋节

古代酒礼相当严格，其中一条就是晚上不能饮酒，古代有宵禁的制度，晚上是不能上街和外出的。但是酿酒业发展到宋代的时候，朝廷为了获得更多来自酒业的税收和盈利，酒政比较宽松，这一点从宋代中秋节全民饮酒的习俗中，也不难窥出一二。

比如唐代时，中秋节的习俗以赏月为中心，到了晚上方才宴饮。到了宋代，中秋节成为一个盛大的节日，除了沿袭前朝的赏月习俗，更多了纵情饮酒的全民庆祝活动，除了王公贵族，老百姓也是全天过节，通宵饮酒玩乐。王孙贵胄们全都登上高楼，把酒赏月，于琴瑟之中酌酒高歌，纵情享乐。平常百姓人家也登上小小月台，安排家宴，合家庆祝。即便是那些居于陋巷的贫穷百姓，就是把家里东西当了去也要买酒回家，不肯虚度这中秋佳节。中秋这一晚，商铺都要开到五更之时。

其实宋代时平常都要宵禁的，但中秋节这一日例外，人们可以随意在街面上走动。《东京梦华录》里有一段话就体现了这样的节日盛况："中秋节前，诸店皆卖新酒，重新结络门面彩楼，花头画竿，醉仙锦旆，市人争饮。至午未间，家家无酒，拽下望子。是时螯蟹新出，石榴、榅勃、梨、枣、栗、孛萄、弄色枨橘，皆新上市。中秋夜，贵家结饰台榭，民家争占酒楼玩月。丝篁鼎沸，近内庭居民，夜深遥闻笙竽之声，宛若云外。闾里儿童，连宵嬉戏。夜市骈阗，至于通晓。"

宋朝非常重视中秋节，这天公职人员都有一天的假期，与家人设宴团圆。苏轼的名作《水调歌头》序中写道："丙辰中秋，欢饮达旦，大醉，作此篇，兼怀子由。"

元代延续了唐宋的赏月饮酒风俗，到了明清时期，人们逐渐转向功利性较强的拜月风俗，喝酒成为拜月祭祀不可缺少的元素，中秋节更加重视人伦和亲情，直至现今，仍保留着中秋拜月的习俗，"葡萄美酒夜光杯"更是不可或缺的节日风景了。

婚礼上的"交杯酒"

婚礼是人生的一大礼仪。《礼记》云："昏礼者，将合二姓之好，上以事宗庙，而下以继后世也，故君子重之。"婚礼后，男女二人合为一体，两家合为一家，这个新的家庭单元在社会担负起了上事宗庙、下继后世的重要责任。婚姻不光关乎夫妻二人，同时也关乎两个家庭甚至整个社会，因此人们对婚礼极为重视。世界各国的婚礼仪式多种多样，各有其关键仪节：或者交换戒指，或者同饮，或者共食……十里不同俗，样式千奇百怪。仪式隆重、场面铺派是中国

传统婚礼仪式的特色，这也足见古人对结婚一事的重视程度。

父母之命，媒妁之言的古代，从议婚到完婚一般要经历六个阶段，古人称之为纳采、问名、纳吉、纳征、请期、亲迎，俗称"六礼"。其中最隆重的在亲迎环节，即现在所谓的喝交杯酒的环节。我国各地婚礼的仪节也不尽相同，但"共牢合卺"却是古代婚仪中关于饮酒祈福的独特文化方式。

周朝时亲迎在昏时，即日落后不久，婚礼（昏礼）因此而得名。《礼记·昏义》中也写道："必以昏者，取其阴来阳往之义。"可见，古人的很多讲究，都是尊崇自然，尊崇阴阳和合的结果。

迎娶新娘后，其中最重

| 民间婚礼用合卺酒器 |

要的一件事就是"共牢合卺"了，也即《礼记》中记载的"共牢而食"、"合卺而酳（yìn）"。共牢是说新郎与新娘共吃祭祀后的同一肉食，象征从此后夫妻二人尊卑同等。合卺是指两人破匏为两半，用其作为饮酒器具，喝酒漱口，表示夫妇二人合为一体、相亲相爱。在早期的合卺仪式中，以"四爵合卺"作为酒器，即四只爵和用一个匏剖成的两只卺，供新婚夫妇各酳（即用酒漱口）三次，第三次用的就是卺。

到了宋代，经历了五代的"礼崩乐坏"和社会的进一步发展，婚礼的仪式，特别合卺这个环节，有了显著的变化。《东京梦华录》里写道："用两盏以彩结连之，互饮一盏，谓之交杯酒。饮讫，掷盏并花冠子于床下。盏一仰一合，俗云大吉，则众喜贺，然后掩帐讫。"首先是仪式的名称，由"合卺"变为"交杯"；酒器也由四爵两卺简化为两个酒杯，并

| 合卺杯 |

且还得用彩带将酒杯杯足或盏底拴在一起。喝完交杯酒后，对杯子的处理也极为用心，最开始是将杯子掷在地上，如果杯子正好一仰一合，就是大吉的征兆。后来人们觉得这一仰一合的"掷地"技术含量太高，如果不能正好一仰一合，心里总是怅然若失，甚觉戚戚，所以干脆放弃听天由命凭技术的办法，而是直接把酒杯一仰一合放在床下，以示大吉大利。正所谓"倾合卺，醉淋漓。同心结了倍相宜。从今把做嫦娥看，好伴仙郎结桂枝。"

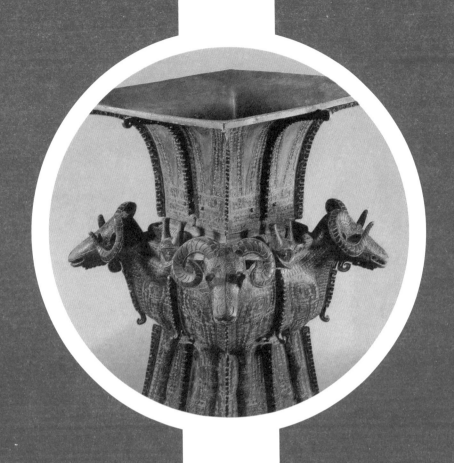

酒与酒器的选择

| 酒与酒器的选择 |

酒器小史

酒器之于酒，就像衣服之于人。决定衣服的，是人的身高、胖瘦、爱好、经济能力、社会文明程度等。决定酒器的，是酒的浓稠度、酒精度数、颜色、饮酒人的喜好、社会文明程度、场合等。比如，最初人们在野外发现的天然酿成的酒，是那种比较黏稠的糊状物，受当时文明程度的局限，人们用一些类似瓦片或是碗状的浅口的简单器皿来盛酒享用。随着社会文明的发展，酒的种类越来越多，对于酒器的选择，便越来越细分、讲究和艺术。有些酒，用来进行祭祀，就盛在比较严肃而庄重的器皿中；有些酒，大口喝比较过瘾，酒器就大一些；有些酒，需要小口慢品，酒盅就秀气一些；有些酒，颜色比较漂亮，或许就会选玻璃的酒杯，赏心悦色而后饮；有些酒，需要温热了再喝；有些酒，需要冰镇了再饮……

人类文明程度越高，酒类越丰盛，酒器的种类越是多样，饮酒的方式自然也相对讲究。

忙忙碌碌的现代生活，在部分程度上简化了过去的礼节，也丢掉了很多过去的"讲究"。你或许看过金庸先生写的《笑傲江湖》吧，书里"论杯"一章中祖千秋"教育"令狐冲饮酒方式的片段，把古人对于酒的理解和饮酒文化阐释得甚是到位。

那一日，在一个特殊的机缘巧合中，令狐冲请祖千秋喝酒，谁知祖千秋不疾不徐，批评令狐冲"于饮酒之道，显是未明其中三昧"，指着面前的一地好酒，侃侃而谈，令在场之人暗暗诚服。

这饮酒须得讲究酒具，喝什么酒，便使用什么酒杯。喝汾酒当用玉杯，唐人有诗云："玉碗盛来琥珀光。"可见玉碗玉杯，能增酒色。

这关外白酒，酒味是极好的，只可惜少了一股芳冽之气，最好用犀角杯盛之而饮，那就醇美无比，须知玉杯增酒之色，犀角杯增酒之香，古人诚不可欺。

至于葡萄酒，当然要用夜光杯了。古人诗云："葡萄美酒夜光杯，欲饮琵琶马上催。"葡萄美酒盛入夜光杯之后，酒色便与鲜血一般无异，饮酒有如饮血。

至于高粱美酒，乃是最古之酒。饮这高粱酒，须用青铜酒爵，始有古意。

至于那米酒呢，上佳米酒，其味虽美，失之于甘，略显淡薄，当用大斗饮之，方显气概。

百草美酒，乃采集百草，浸入美酒，故酒气清香，如行春郊，令人未饮先醉。饮百草酒须用古藤杯。百年古藤雕而成杯，以饮百草酒则大增芳香之气。

饮绍兴状元红须用古瓷

杯，最好是北宋瓷杯，五代瓷杯当然更好，吴越国龙泉哥窑弟窑青瓷最佳，不过那太难得。南宋瓷杯勉强可用，但已有衰败气象，至于元瓷，则不免粗俗了。

饮梨花酒呢？那该当用翡翠杯。白乐天杭州春望诗云："红袖织绫夸柿蒂，青旗沽酒趁梨花。"你想，杭州酒家在西湖边上卖这梨花酒，酒家旁一株柿树，花蒂垂谢，有如胭脂，酒家女穿着绫衫，红袖当炉，玉颜胜雪，映着酒家所悬滴翠也似的青旗，这嫣红翠绿的颜色，映得那梨花酒分外精神。

至于饮玉露酒，当用琉璃杯……

古人饮酒，无论文人墨客，还是武林英雄，都这般讲究！境之所处，情之所兴，

| 兽面纹觚 |

| 爵 |

| 觯 |

| 卣 |

| 鸭形盉 |

| 兽面纹斝 |

还要饮其色，辨其味，任香醇美酒缓缓流淌，从五官及至身心，饮酒成为一种系统的体验。这次第，怎一个"爽"字了得？

酒器从陶器，到青铜器，再到漆器、瓷器、玻璃器等等，在五光十色的酒海中，器随酒生，酒载器漂，这一漂，就是几千年，尽现古人的智慧和经验。酒器的分类非常丰富，有用来盛酒的尊、觚、彝、罍、瓿（bù）、斝（jiǎ）、卣（yǒu）、盉（hé）、壶，以及现代的罐、桶、瓶等；用来温酒的斝、盉，以及现在用的锡壶、烫酒器等；用来饮酒的爵、角、觥、觯（zhì），以及现在常用的杯、盏、盅等。

现在我们所知道的最早的酒器，当属陶制酒器。

虽然那个时候的酒器名称在今天看来，名称也是怪怪的，不好念也不好写，但它们的艺术价值和文化价值，却是极高的。现藏于北京故宫博物院的龙山文化红陶鬶（guī），是新石器时代的陶器精品。

到了商代，生产力和酿酒业进一步发达，青铜器的制作技术也渐渐成熟，酒器制造业也开始繁荣。当时还有一种职业叫做"长勺氏"和"尾勺氏"，就是专门制作酒器的氏族，周代由于禁酒，酒器上没有更多的发展，沿袭了商代的风格，也出现了专门制作酒器的"梓人"。

青铜器源于夏，现在发现的最早的青铜酒器为夏代二里头文化石器的爵，后来在商周达到鼎盛，春秋时没

|红陶鬶|

|兽尔罍|

|四羊方尊|

| 牛形铜觥 |

落。商周时期，是个讲究尊卑有别的时期，如果你想了解一个人的身份，从他饮酒时所用的杯子就可以看得出来。在《礼记·礼器》中就有明文规定：庙之祭，尊者举觯，卑者举角。

| 漆耳杯 |

到了汉代，漆器开始流行。汉代人饮酒时，往往席地而坐，酒樽置于席中，樽中有勺，酒器置于地上。因此汉代酒器一般比较矮胖，以防摔倒。

到了魏晋时期，人们流行坐床饮酒，酒器又开始变得瘦长。

瓷酒器大约始于魏晋，隋唐五代之后又有发展。

唐代的酒杯形体比过去的要小很多，人们推测可能时因为唐代出现了蒸馏酒，度数变高的原因。唐代也出现了桌子，因此适合桌子上用的酒器也产生了。比如一种叫做"注子"的酒器，唐代称为"偏提"，其形状与现今的酒壶相似，有喙（huì）、有柄，既能盛酒，又可以倒酒。

宋代是陶瓷生产鼎盛的时期，酒器自然很是精美。宋代人喜好将黄酒温热再喝，因此有了注子和注碗配合使用的酒器。

元代瓷制酒器在唐宋的基础上进一步提高，出现了青白釉印高足杯、青花松竹梅高足杯等代表性酒器，工艺相当精致。

明代的瓷器以青花、斗彩、祭红酒器为代表，这时也出现了景泰蓝工艺的酒器。

清代的种类更加多样，有珐琅彩、素三彩、青花玲珑瓷及各种仿古瓷。

现今的人们在酒局上，喝至酣畅时，往往会一起喝"三种酒"（白酒、红酒，啤酒），因此一般饭店都会准备这样一套饮器标配：高脚的玻璃红酒杯，以及红酒的醒酒器，用于喝白酒的玻璃分酒器和酒盅，用来喝啤酒的玻璃啤酒杯，有些时候可能根据饮者需求，加一套可以温酒的黄酒酒具。至于在家里喝酒，则根据自己的喜好，来选择相应的酒具。

几款特殊的酒器

有几件特殊的酒器，它们不仅体现了古人的饮酒文化，同时也体现了古人的科技水平，值得我们去好好了解一番。

冰鉴

古人还发明了食物保鲜的方法。《诗经》中就有奴隶们冬日凿冰储藏，供贵族们夏季饮用的记载。那个时期，楚国的贵族们喜欢饮用米酒，而楚国地处湖北一带，夏季的时候，酷热难耐，米酒的保鲜就成了问题。于是，聪明的古人发明了一种叫"冰鉴"的酒器，用来在夏天时冰酒，冬天时温酒。冰鉴也被称为我国冰箱的始祖。

1978 年出土于湖北省随县曾侯乙楚墓的铜冰鉴，现藏于国家博物馆，长 67 厘米，宽 76 厘米，高 63.2 厘米。环绕冰鉴的四个角共装饰有八个龙行耳，器身各处，都饰有镂雕或浮雕的勾连龙纹和蟠螭纹。内部暗藏机关，为双层设置，外为方鉴，内部是一个方缶，方缶底部有三个长方形榫眼，榫眼与方鉴内的三个弯钩扣合，方缶被固定在方鉴内不能来回晃动。

| 铜冰鉴 |

鉴是古代盛水的大盆，缶是古代盛酒的器皿，鉴和缶之间留有大量空间，冰鉴和方缶结合在一起，形成一个双层器皿，外面是方鉴，正中放置方缶，中间一个很大的空间可以存放冰块，使方缶里的酒很快变凉。同时还配有一把青铜长柄勺，这样从方缶中盛酒，非常方便。

从冰鉴上方俯视，便可以发现其形状如同一个"回"字，铜制的外壁和内壁之间有很大的空间，原理与现在的暖水壶类似，有外壳、还有内胆。因此，冰鉴不仅仅具有冰镇的功能，冬季还可以注入热水，起到温酒的功能。

冰鉴也是古代祭祀中不可缺少的酒器。

冰酒器

东南地区的越国，也

青瓷冰酒器

有冰酒器——青瓷冰酒器，由承盘和冰酒器两件器物组成。承盘和冰酒器均是灰白色胎，施以黄釉。承盘口沿内折，斜腹，平底，带有三个矮蹄形足。冰酒器上部也有十三个圆孔，但与温酒器不同的是其微微鼓起成弧形。冰酒器腹部微弧，底部近平，也带有三个矮蹄形足。承盘口沿下和冰酒器腹部都贴有四个铺首，铺首外刻有长方形框，框内填充刻有网纹。承盘和冰酒器的沿面及腹部满饰刻有"S"纹。

吴越虽在南方，也有冰室用于冬季储冰。夏季天气炎热，贵族们取出冰室藏冰降温消暑。使用冰酒器时，在底部的承盘内放置冰块，往承盘之上的冰酒器内加水，冰酒器的小孔内置酒杯，

冰降水温，水降酒温。喝上一杯冰镇过的美酒，恰好消暑，舒适之极。

青瓷冰酒器与青瓷温酒器共同见证了春秋战国时期吴越贵族们精致奢华的生活，也反映了酒在中国传统文化中的重要地位与独特寓意。

倒流壶

五代耀州窑青釉剔花花卉纹倒流壶，通高18.3厘米，现藏于陕西博物馆。

这是一个可以把液体从壶底注入，并从壶嘴正常倒出的壶，这里面有物理学"连通器液面等高"的原理。即连通器中只有一种液体，且液体不流动时，各容器中的液面总是保持相平。因此，这个壶没有可掀开的壶盖，

壶底留有一个神秘的孔洞。

　　由于倒流壶没有可以掀开的盖，因此比起生活中我们常用的壶，密封性更强，灰尘不容易落入壶内，更卫生。一千多年前的古人，简直是太聪明了，他们先用陶泥拉出壶形，再将准备好的导管放进壶胎内部，然后再将成了型的壶口封上，进炉烧制。

酒人酒事

| 酒人酒事 |

中国几千年的灿烂文化，无处不弥漫着酒的醇香与气节。上至帝王将相，下至平民百姓，无不与酒结缘。酒是佳酿，有时却也是祸水。有君王因为嗜酒无度而亡国，也有君王以酒兴国、四两拨千斤。酒的名声和形象在政权的沉浮中，起起伏伏，也上演了一出出国家兴与亡的悲喜剧。

其实，误国亡国的不是酒，而是人。因酒而亡国的桀与纣，毕竟是少数，以酒而兴国的明君，却留下了不少佳话。曾几何时，酒也是君王手中不可或缺的利器呢。越王勾践箪醪劳师、秦穆公以酒为器称霸西戎、宋太祖杯酒释兵权等历史故事，为我们刻画了另一种清酒英雄的史诗巨作。

酒到了文人这儿，瞬间就有了浪漫雅致的气息。"醉里乾坤大，壶中日月长。"古今文人爱酒，酒壮诗兴。我们所熟悉的文人，如，魏晋时期，陶渊明弃官归隐田园，酒中作乐；竹林七贤，于醉酒中寻找迷失的灵魂；唐宋八大家，痛饮狂歌醒复醉，把酒作诗，创造了唐宋文学的神话；颠张狂素，豪饮狂草；郑板桥醉墨竹林，唐伯虎兰陵千盅酒作画……他们个个都是文中笔斗，写就了多少经世名篇，然而酒与诗，更像是红花与绿叶，莲与水，连理相随。是酒，让诗熠熠生辉；是诗，让酒一夜成名。

酒是一把双刃利器，喝好了，小则怡情助兴，诗酒传情；大则夺城池，垂青史。但若是把握不好，重则亡国，臭名昭著；轻则酒鬼附体，伤人伤己。

酒池肉林

酒的恶名从夏桀和商纣王开始，这二位即是臭名扬青史的亡国酒天子。

其实夏桀本来能文能武，可以成为一代明君，但是他一味贪图享乐，残暴昏庸。在饮酒这个问题上，他全然忘记了大禹"绝旨酒"的忠告，竟然在皇宫里砌了

硕大的酒池，和爱妃妹喜寻欢作乐。更有甚者，他在招待群臣的宴会上，让三千大臣一起趴在酒池边群饮，并以此为乐，后终于做了亡国之君。多年前禹曾在喝了仪狄的酒后，发出"后世必有以酒亡其国者"的预言，没想到在夏桀这里很快就应验了。

无独有偶，商朝最后一个统治者，后世史不绝书的纣王，在对待酒的问题上，有过之而无不及，写就了一个"酒池肉林"的奢靡腐败故事。纣王继承了夏桀的创意，"以酒为池，悬肉为林，使男女裸相逐其间，为长夜之饮"。他命人挖了一个大大的池子，池底铺满鹅卵石，灌满美酒，是为"酒池"。同时将挖出的泥土在池边堆

成小山，种上树木，并用绿色的帛铺在山上充当草地，树上挂满熟肉脯，即是"肉林"。他还命令宫女们赤身裸体在酒池中嬉笑玩乐，供他和妲己赏玩。这些人渴了，就趴在池边低头饮酒，饿了就去肉林摘肉吃，终日喧闹奢靡，甚至有些歌妓由于太过疲劳而溺死在酒池之中。当然，很快地，西边渭水边的周王朝强大起来，推翻了商朝，而纣王亲自用自己的残暴和无度的荒淫，将自己树立成耻辱千秋的反面典型，醉死在了茫茫历史的海洋之中。

箪醪劳师

越王勾践是一个善于将酒用在正道的君王。春秋时期，越国在与吴国的战争中失败，为了鼓励人民生育，积蓄国家的力量，以酒作为奖品："生丈夫，二壶酒，一犬；生女子，二壶酒，一豚。"《吕氏春秋》记载："越王之栖于会稽也，有酒投江，民饮其流而身战百倍"。这段话说的是，经过十年的休养生息后，越国再次征讨吴国。将士出师前，越国的父老来为他们送行，并将家家户户所存的酒献给勾践和将士们，祝愿他们旗开得胜、得以凯旋。此情此景，勾践心潮澎湃，跪而受之，并将这一箪酒倒在河的上游里，与将士们一起俯身河畔，迎流共饮。珍贵的醪酒，溢香了河水，更点燃了将士们为国出征的豪情满怀，更有国君同甘共苦式的鼓励，当然更是壮怀激烈。

后人将这个历史典故称为"箪醪劳师"（醪，在古代是一种带糟的浊酒，也就是黄酒的前身）。

杯酒释兵权

宋太祖发动陈桥兵变，建立北宋。即位后，发现藩镇的权力太大，于国家的安定极为不利。这时他想了个办法，把石守信等几位握有实权的武将召集到一起，设宴饮酒招待他们。酒至酣处，太祖屏退左右说："唉，我自当上这个皇帝以来，食不甘味，夜不安寝，总有人盯着这个皇位啊！"众人听后，心内大惊，跪在地上说："现在四海升平，国家安定，谁还敢对陛下有此歹意啊？"宋太祖说："我知道你们都不会这么做。但是你们的部下，若是为了贪图富贵，硬要将黄袍披在你们身上呢？"众人听了，深感大祸临头，含泪恳求："请陛下念在我们跟随您多年的旧情上，为我们指引一条路吧。"宋太祖说："你们辞去官职，到地方上做个闲官，颐养天年吧。"众人谢过。第二天上朝时，几位心领神会的武将都递上了辞呈，声称自己年老多病，愿意辞去官职，告老还乡。宋太祖批准他们的请辞，并一一送上厚礼。宋太祖可谓一个有勇有谋的君王，借着酒，将不好在朝堂说出的话，巧妙地说出，以一杯清酒释掉了重臣的兵权，喝就了一段历史佳话。

李白斗酒诗百篇

唐朝诗人李白被后世誉

为诗仙、酒仙。李白不但写诗写出了名，喝酒也喝出了名。不知是诗增添了酒的兴，还是酒助长了诗的情，李白喝酒，喝着喝着，就喝出了"举杯邀明月，对影成三人"的诗句。

有人统计过，现存的李白诗中，酒诗占20%。同为饮中仙的杜甫曾写了一篇《饮中八仙歌》，将长安善饮名人李白、贺知章、李适之、李琎、崔宗之、苏晋、张旭、焦遂八人尽括其中。对于李白的描述这样的："李白斗酒诗百篇，长安市上酒家眠。天子呼来不上船，自称臣是酒中仙。"杜甫是李白的知交好友，自是明其心性，欣赏其才情，这四句诗堪称是对李白最为贴切的"肖像描写"。

李白嗜酒，才情满怀，亦豪亦逸。他一生漂泊，自感怀才不遇。中年时得玉真公主推荐，后任职翰林，却也常常醉卧酒家。有次高宗喊他进宫，他竟然让杨国忠来为自己磨墨。玄宗爱才，准许李白脱掉靴子坐在位子上，不想他把脚伸向了高力士，让高力士为他脱靴。文字是自由的，浪漫和不羁一旦随了文字，有可能成就千古绝唱。然而现实和政治是拘礼的，李白这种不拘小节的个性，在职场显然行不通，最终只能在寂寞和荒凉中郁郁终生。

然而物以类聚，人以群分。李白的朋友圈中人，无不是饮酒高手，赋诗名流。比如杜甫、高适、怀素、贺知章等。他们时常相聚在一起，感慨命运和时事，饮酒作诗，相互欣赏和鼓励，赋就一首首流传千古的诗篇。这里面，李白、杜甫和高适三人的一次相聚，不仅聚出了名诗绝句，更是造就了一段"千金买壁"的良缘呢。

话说元宝三年（公元744年），唐玄宗的御用文人李白，因得罪高力士等人被贬，失意中离开长安，到了洛阳。不想碰到了杜甫，二人相携漫游梁园，谁知又碰上了浪迹天涯的诗人高

| 将进酒图 |

將進酒圖
乾隆戊辰夏四月
望後鏡唐育巽生
裘壽生寫意

适。诗坛三大才子，相见恨晚，登上吹台。

忽听得不远处林间谁在抚琴，悠扬琴声，更是激发了三人的情思。高适建议："凭吊怀古，不可无酒。"杜甫说："更不可无诗。"梁园景美，琴声袅袅，更有诗酒做伴，这一切正中李白下怀，能当一回醉客，又何必管家乡何处？

于是三人请僧人置办了酒菜和笔墨纸砚，觥筹交错到酣畅时，李白醉眼惺忪，拿起笔，把室外的白墙壁当成白纸，笔走龙蛇，一气呵成在壁上写下了"梁园吟"。巧的是，杜甫和高适也以梁园为题赋诗，描述了这次壮游。三人只觉心意相通，知音共处，一时间都不再拘于俗礼，席地而坐，把酒论诗，直至尽兴而归。真是"三人吟咏心相通，胜似帝王赐宴请"。

巧的是，这首题在白墙壁上的诗，正好被游园抚琴后回家的宗家小姐看到了。她被这首诗句与书法皆造诣深厚、才情迸发的文字所深深吸引，不由仔仔细细看了再三。这时，有个僧人进来，看见被涂鸦的墙壁，很是不满，拿起布来就要清理擦除。宗小姐赶忙制止："休要动手！这面墙我买了，你要妥善保护。"僧人不解，以为说笑。谁知小姐又说："这面墙不值分文，但题了这首诗就价值连城。"随后，真就派人送来一千两银子，而宗小姐千金买壁的美谈迅速就传遍了全城。

这位宗小姐正是前朝宰

相宗楚客的孙女宗煜,也是位才女。自古窈窕淑女君子好逑,青衫才子,淑女也是暗自倾慕呢。宗小姐其实爱慕李白已久,不想这一日偶然见到了李白的诗作。而李白刚丧妻不久,本无意再娶,但听说那日吹台抚琴的女子就是千金买壁的宗家女子,不由怦然心动。经杜甫和高适二人在中间做媒,郎情妾意,李白以《梁园吟》作为聘礼,宗家以白墙作为嫁妆,二人结为夫妻。李白从此结束了举杯邀月、顾影独徘徊的日子,过上了"一朝去京阙,十载客梁园"的生活。

人生浮沉,李白京城职场失意,漂泊南下,没想到梁园一场酒诗,迎来了情场得意。怪不得诗人会有"人生得意须尽欢,莫使金樽空对月"的感慨呢!

饮中"瘾"者:刘伶和郑泉

古来圣贤皆寂寞,唯有饮者留其名。历史上比较出名的饮者就算是魏晋名士刘伶和三国时期的郑泉两位了。

据说刘伶长得其貌不扬,常常喝得酩酊大醉,然后"脱衣裸形屋中",按照今天的说法,算是超级脱星。当有人对此"不文明行为"表示质疑时,他还振振有词:天地是我的家,房子是我的裤子,你们非要闯进我的裤子里来,还责怪我?且不论刘伶是荒诞与浪漫,但他的嗜酒与酒风却也是独领风骚的。

《世说新语》有一段记

载刘伶的妻子让其戒酒。那一日，刘伶发了酒瘾，向妻子要酒喝，妻子非常生气，把所有酒具砸了个一干二净，一把鼻涕一把泪劝他戒酒。刘伶计上心来说，我自己戒不掉啊，得祷告神灵后才能戒。妻子便准备了酒肉祭奠祷告神灵，谁知在神像面前，刘伶又说：天生刘伶，以酒为名。一饮一斛，五斗解酲。妇人之言，慎莫可听！然后，他又吃又喝，醉到不省人事。

"死便埋我"，更是诠释了刘伶嗜酒如命的人生态度。这句话出自《晋书》，那个时候，刘伶当过一个不大不小的官——参军，他常常一边喝酒一边骑着马，命令一个手下带着锄头跟着他，意思是一旦他因喝酒而死，便让手下把他埋了去。

刘伶这么好酒，但他只作了一篇与酒有关的文章《酒德颂》，其中写道："兀然而醉，豁尔而醒"。果真是宁愿醉着死，也不要醒着活啊！不过刘伶这种一喝酒就光着身子、动不动就酩酊大醉、醉后何妨死便埋的"酒德"，不学也罢。

另一个与刘伶有过之而无不及的饮者，要算三国时代的郑泉了。郑泉爱酒，真是爱到骨子里了，以至于他在临终前告诉自己的朋友：必葬我陶家之侧。因为陶家就是做陶器的人家，古代的酒器多用陶作，郑泉就希望自己死后化为土，能够被做陶的人挖了去，做成酒壶，与酒，生死不分离！

国酒与古酒

|国酒与古酒|

以曲酿酒：智慧的古人

俗语道：酒是粮食精。粮食发酵成酒要经过两个过程：一是"糖化"水解过程，即将粮食中的淀粉分解成葡萄糖；二是"酒化"过程，将所得的糖分转化为二氧化碳和酒精。谷物的糖化过程取决于淀粉酶的作用，酒化过程则主要依靠酵母菌来实现。

最早的酿酒办法多采用蘖酿法，即用谷芽或麦芽等作为糖化的发酵剂来制酒。人们发现这种方法酿酒，一是周期长，二是酒精度数低，口味平淡单一。怎么解决这个问题呢？聪明的古代酿师们另辟蹊径，创造了用酒曲酿酒的方法，酒曲就是"酒母"，指用谷物制成的发酵剂。其中的霉菌，具有糖化效力，其中的酵母菌素，能够促进谷物酒化。酒曲将酿酒的两个步骤合二为一，省时省力，酒味也更加宜人。

制曲技术为中国的酿造业带来一场划时代的革命，也是世界酿造史的一次创举。后人常将"以曲酿酒"称为与我国四大发明比肩的第五大发明。

国酒茅台

我国酒的品类丰盛，南方多喝黄酒，北方人喜欢白酒。从古至今，有不少酒留名青史。如山西的汾酒、陕西的西凤酒、四川的泸州老窖与宜宾的五粮液、安徽的古井贡酒等等，味道各异，文化底蕴深厚，享誉中外。最能代表中国白酒特色的，如今要数茅台酒了。

据《史记》记载，西汉武帝年间，贵州的茅台镇一带，已经产出一种可口的酒，叫做枸酱酒。有个叫唐蒙的汉使，曾专程取此酒，敬献汉武帝。后来唐蒙被任命为中郎将，在一次奉旨入蜀开通夜郎道时，因觉枸酱酒甘美可口，思虑再三，决定改道修筑栈道，这一改便专程修经了茅台村（今茅台镇）。

其实汉武帝时候的枸酱酒，只能算作是果汁酒。而从果汁酒慢慢演变到今天的发酵酱香酒，其中还经历了很多的历史呢！离我们比较近的一段故事，也比较有意思。前清的时候，贵州没有食盐，都是由晋陕两省人运销川盐来供给，因晋陕人习惯喝白酒，他们发现贵州仁怀县赤水河支流有条小河，在茅台村杨柳湾，水质清洌，适合酿酒。他们就把北方家乡造酒的师傅请到贵州，在这里设厂造酒。经过多年的经验积累，制出一种回沙茅台酒。他们在地面挖坑，拿碎石打底，四面砌好，再用糯米碾碎，熬成米浆，拌上极细河沙，把石隙溜缝铺平，最后把做出的新酒灌到这种"窖"里，封藏一到两年，甚至更久。这样一来，酒经过河沙浸吸，火气全消。因此，酒香甘洌，其味深沉，入喉不辣，沁人心脾。所谓"入口不辣而甘，进喉不燥而润，醉不索饮，更绝无酒气上头"。

现今的茅台酒酿制，工艺更为复杂和精细。一瓶茅台酒从原料进厂到出厂，至少需时五年。每年要经两次投料、九次蒸煮、八次摊晾、七次取酒，历时整整一年，然后经三年以上贮存，再精心勾兑，方能包装出厂。

茅台酒的好品质，除了精湛的古法酿酒工艺，其原料的选择也是毫不含糊。用来酿造茅台酒的高粱，均采用本地生产的"红缨子"糯高粱，这种"红粮"只能在赤水河流域特有的水分、土壤和气候环境下种植。赤水河和茅台镇也为茅台酒提供了得天独厚的生态环境。

赤水河发源于云南省镇雄县，穿茅台镇而过。赤水河河水颜色应时而变。每年雨季山水冲洗，两岸的紫红色土壤汇入河中，河水变为棕红色，成为名副其实的"赤水河"。到了重阳时节，赤水河又恢复清澈纯净的本色。此时正是茅台酒投料的季节，河水的自然变化十分有利于茅台酒的酿造。为确保茅台酒的质量，维护国家民族荣誉，周恩来总理在1972年全国计划工作会上强调："茅台河上游100千米不准建化工厂，不准污染茅台河水。"茅台镇的微生物群也极具特性，茅台镇四面环山，形成了相对封闭的自然生态圈，非常适合微生物的生存、繁衍。经久不息的酿酒活动从环境中网罗、筛选、驯化了适于酿酒的微生物，形成了独特、复杂的酿造微生物区系。

好水好米好环境，再加上渊源深厚的古酒文化和精湛酿造工艺，造就了茅台酒今天的地位。

南酒绍兴

绍兴酒是用糯米做的黄酒。绍兴酒中，花雕酒最为出名，酒坛上雕有花纹，原是贡品；在民间，富裕人家生了女孩，会做酒加封，藏于地下，等出嫁时宴请宾客，后人也叫女儿红。

绍兴酒之所以好，据说是因为鉴湖水好。曹聚仁在《鉴湖、绍兴老酒》中写了绍兴酒的制作过程：首先把糯米浸了，再放上饭蒸（一种大木桶的蒸具）去蒸，蒸熟了，摊在竹垫上，晾凉了，再拌上酒药；酒药的分量得有斟酌，多则味甜，少则味烈。接着把它放在大缸中"作"起来，这里的"作"即是发酵的意思。发酵的时间，就要看缸头师傅（酿酒行家）的经验和直觉了。当听到缸中有沙沙作响的声音、就像大闸蟹吐沫似的，就是"作"透了，放在酒袋中慢慢榨出酒来。榨出的酒汁，一坛坛地封起来，再用泥浆封口，放入地窖中。半年十月后，即可开坛喝酒。若是放一年以上，便是陈酒。

绍兴酒味甜，还有些酸涩。绍兴人一般将喝酒称为吃酒，即便是熟人或是亲朋在街上偶遇，总会说一句：我们去酒店吃一碗吧。

在绍兴吃老酒，酒器与

喝白酒不一样。一般在店里用来烫酒的是一种马口铁制的圆筒，口边再大一圈，形似倒写的凸字，不过上下部分是一与三的比例。这种酒器叫窜筒，圆筒内盛酒，放在盛着热水的桶内，上边盖板镂有圆筒，圆筒下去，上边大的部分便搁在板上。这么温一阵，酒便热了。一窜筒的酒称作一提，可倒出两浅碗。

喝绍酒，多用浅浅的粗黄色碗。碗口大大的，暗黄色的酒，配上石青色的酒壶，倒显出几分诗情画意来。一提两碗，也正好是普通饮者的量。喝绍兴酒，很是雅致。下酒菜也比较简单，像孔乙己这样的穷酸文人，一般只配一碟茴香豆，若是手头还比较宽裕，再加上一碟海螺蛳，或是一碟花生豆腐干，那就更是惬意、奢华滋润了。

如今绍兴老酒的做法和包装已经有了很大发展，不管身处何地，想喝什么样的酒，都很方便，喝酒的器具也更是五光十色。然而，我们对于那个捏着茴香豆慢慢品咂、端着粗瓷碗一口口轻啜的日子，仍旧充满了向往。

京味大酒缸

老舍先生的《正红旗下》有这么一段："多老大包好《圣经》，揣好四吊多钱，到离教堂至少有十里地的地方，找了个大酒缸。一进去，多老大把天堂完全忘掉了。多么香的酒味呀！假若人真是土作的，多老大希望，和泥的不是水，而是二锅头！坐在一个酒缸的旁边，他几乎要晕过去，屋中的酒味使他全身的血管都在喊叫：拿二锅头来！镇定了一下，他要了一小碟炒麻豆腐，几个腌小螃蟹，半斤白干。"

这里面的大酒缸，并不是指一个装酒的大缸，而是在民国时期北京特有的一种小酒馆。二十世纪二三十年代，北京还叫做北平，那时候会吃的人们，都不爱进大馆子，而是喜欢约上三五个朋友，一起到街边的大酒缸，要壶二锅头，再选几样可口的下酒小菜，浅斟慢酌，高谈阔论，倒是别有一番情调。

| 大酒缸 |

当时北平的东四、西单、鼓楼前，都有大酒缸。几乎所有的大酒缸都是山西人开的。一般都是前店后居，前面是不大的两间或是三间门脸儿，后面就是老板饮食起居的地方。店里摆着几口须两人合抱的大酒缸，缸盖多用红色亮漆，油光瓦亮的，也便成了小店的独特招牌。来喝酒的人们一般都是围缸而坐，大酒缸缸大店小，每个小馆的牌匾却有些来头，尽是些书法名家写就。其实多数店里的大酒缸，都是充当了酒桌或是饭桌来用，真正的烧酒，装在另外的坛子里，以壶计量，也有的用酒素子。

已故北京民俗学家金受申，喜酒，被朋友们称作泡酒缸的行家。他生前喜欢与好友去大酒缸，自陈"华灯初上，北风如吼，三五素心，据缸小饮，足抵十年尘梦"。中国人饮酒是少不了下酒菜的，大酒缸里的小菜，也是其招徕客人的一大缘由。那时的大酒缸，小菜有自制的，也有外叫的，自制的便极具京味，如花生米、煮小花生、豆腐干、辣白菜、豆豉面筋、玫瑰枣、豆儿酱、拌海蜇等等，基本以冷食为主，倒是有点像现如今北京夏天的露天烧烤。如果自有小菜不能满足顾客的需求，门口"寄生"的小摊，会做些大酒缸里没有的凉热菜品，来补充食客们的胃口。如此一来，门内围大缸而坐，高谈阔论，酒香盈喉。门外各色小吃，更添一道风景。想来在夜色下，也是热闹迷人的。难怪金受申先生在"独立市头人不识，一星如月看多时"的寂寞黄昏，独行踽踽踅入大酒缸，小碟酒菜满桌，甜咸异味，酸辣有分，四两白干入肚，微有醉意而所费无几，真是开心妙法！

如今的北京城里，再也找不出这样京味十足的大酒缸了。到了盛夏，街上也常能看到一些号称是"串啤"的路边小店，年轻人露天喝着解暑的啤酒，吃一些烤串、五香毛豆、五香花生以及一些下酒小菜，喝的场面倒也壮烈，不时听到叫声笑声，还有噼里啪啦啤酒瓶倒地的声音，然而相比起老北京的大酒缸来，那种于粗酒淡菜中现出来的韵致，终究觉得少了点什么似的。

图书在版编目（C I P）数据

　酒味 / 张玮编著；李春园本辑主编. —— 哈尔滨：
黑龙江少年儿童出版社，2020. 2（2021.8 重印）
　（记住乡愁：留给孩子们的中国民俗文化 / 刘魁立
主编. 第九辑，传统雅集辑）
　ISBN 978-7-5319-6483-4

　Ⅰ. ①酒… Ⅱ. ①张… ②李… Ⅲ. ①酒文化—中国
—青少年读物 Ⅳ. ①TS971.22-49

　中国版本图书馆CIP数据核字(2019)第293878号

记住乡愁——留给孩子们的中国民俗文化　　　　刘魁立◎主编

第九辑 传统雅集辑

酒味 JIUWEI　　　　　李春园◎本辑主编

　　　　　　　　　　张　玮◎编著

出 版 人：商　亮
项目策划：张立新　刘伟波
项目统筹：华　汉
责任编辑：郜　琦
整体设计：文思天纵
责任印制：李　妍　王　刚
出版发行：黑龙江少年儿童出版社
　　　　　（黑龙江省哈尔滨市南岗区宣庆小区8号楼 150090）
网　　址：www.lsbook.com.cn
经　　销：全国新华书店
印　　装：北京一鑫印务有限责任公司
开　　本：787 mm×1092 mm　1/16
印　　张：5
字　　数：50千
书　　号：ISBN 978-7-5319-6483-4
版　　次：2020年2月第1版
印　　次：2021年8月第2次印刷
定　　价：35.00元